TROUS NOIRS ET UNIVERS

Gérard BLANVILLAIN

Trous noirs et Univers

Les 3 Colonnes

Du même auteur

Aux éditions Les Presses du midi

L'Univers qui fut, qui est, et homo-Galaxiesus – De l'infiniment petit à l'infiniment grand, 2015

La naissance de l'Univers, et si c'était aussi simple !, 2017

Aux Éditions Les 3 colonnes

L'impensable immensité de l'infini, 2020
Révisé en *L'impensable immensité de l'infini et le Big Bang,* 2023

Pour tout contact :

Éditions Les 3 Colonnes
72 rue du Faubourg Saint-Honoré
75008 Paris
www.lestroiscolonnes.com

En cas d'interrogation ou d'incompréhension, vous pouvez con-tacter l'auteur : gblanvil1@gmail.com

Il sera heureux de discuter de vos interrogations car les interrogations sont toujours enrichissantes.

À Isabelle, mon épouse.

Cet opus, « Trous noirs et univers » est une suite et un complément de mon dernier ouvrage, qui avait pour objectifs de traiter de l'espace avant la naissance de l'Univers, puis du Big Bang, et d'envisager son avenir…

… Objectifs jamais atteints, par les scientifiques ayant étudié le cosmos qui n'est plus considéré comme immuable, en particulier depuis que l'on sait grâce aux observations télescopiques d'Edwin Hubble, que l'Univers est en expansion.

Mon dernier ouvrage « L'impensable immensité de l'infini et le Big Bang », prouve pourtant, puisqu'il l'a fait, qu'il est possible de comprendre et de décrire le Big Bang ainsi que le développement de l'Univers.

Tout résulte de la découverte des caractéristiques des quanta par Planck et que j'ai mises en évidence sous une forme plus dynamique de quanta vibrants.

Cette théorie, je l'ai appelée « la préquantique ».

*** Les ouvrages actuels concernant l'Univers sont très nombreux, rapportant les résultats d'observations précises dans l'espace lointain à l'aide des télescopes les plus sophistiqués, et la description des expériences sur les particules dans les collisionneurs.

Ils en déduisent des courbes pouvant relater son historique, mais bien que s'en rapprochant, n'aboutissant pas au Big Bang lui-même, ou bien sûr encore moins à l'espace qui régnait avant.

De mon côté, ayant eu la chance d'avoir pu y parvenir et de décrire le Big Bang dans mon ouvrage précédent, je vais maintenant commenter les phénomènes essentiels.

Je dois rajouter qu'ayant commencé mes recherches dans l'espace, avant le Big Bang, j'aurais préféré me passer d'hypothèses et m'en tenir aux certitudes.

Malheureusement avant le Big Bang, il n'y a pas de certitudes prouvées par des expériences car celles-ci sont impossibles.

Cependant les hypothèses reposant sur la logique, ne sont pas interdites dans un domaine où les expériences sont impossibles.

Par exemple, on ne recréera pas un Big Bang pour expérimenter ce qui pourrait être considéré comme des hypothèses.

Et même Einstein n'est jamais parvenu au Big Bang qu'il a longtemps récusé.

« La plus grave erreur de sa vie a-t-il dit… »

*** Dans le vide, considérant les caractéristiques des entités qu'il faudrait expérimenter, c'est-à-dire les caractéristiques infiniment petites des « quanta » ou encore les mystérieux trous noirs appelés ainsi par Stephen Hawking, les expériences pour les mettre en évidence sont effectivement impossibles.

Mais que l'on ne puisse pas faire d'expériences probantes concernant les quanta, ne signifie pas que les quanta n'existent pas ou que la « théorie préquantique » qui en découle soit fausse.

Pour que les hypothèses concernant leur origine et leurs caractéristiques soient validées et authentifiées, il suffit que leurs conséquences soient vraies.

(Rappelons que les quanta ont été désignés sous le nom de photons une vingtaine d'années après leur caractérisation par Planck.)

C'est le cas de la validation des quanta dans le cadre de ma théorie et c'est ce que j'ai montré dans mon ouvrage précédent.

En effet, cet ouvrage montre que les caractéristiques des quanta apparaissent clairement dans l'extrapolation des spectres d'ondes électromagnétiques et par analyse de la vitesse de la lumière.

J'insiste de nouveau : Ces hypothèses concernant la forme et les caractéristiques des quanta sont confirmées par leurs conséquences et justifient certaines des propriétés les plus importantes des particules, comme celles des électrons ou des quarks, y compris leur naissance et leur structure.

Et des hypothèses confirmées deviennent des faits ou des certitudes, que l'on peut parfois appeler des théorèmes.

Je vais insister sur ce dernier point :

La physique est pleine de théorèmes, mais elle ne donne que rarement l'origine des propriétés des entités qu'elle étudie, excepté si elles découlent de faits qui ont été bien établis précédemment.

Des faits bien établis, il y en a beaucoup, mais leur véritable origine ne l'est généralement pas.

Ainsi, si on décrit les trajectoires d'électrons, ainsi que leurs orbitales dans les atomes, on n'explique pas leur origine, c'est-à-dire la naissance véritable des électrons ni ce qu'ils sont vraiment… Et en particulier qu'ils puissent émettre des photons.

Tout ce que l'on sait sur les quarks et les électrons, en particulier grâce au Modèle Standard Cosmologique, c'est qu'ils sont apparus avec le Big Bang ou très peu de temps après.

Mais « pourquoi », et avec quelle structure, ce Modèle ne le dit pas.

La préquantique, au contraire, a expliqué leur naissance pendant le Big Bang et les raisons de leurs caractéristiques.

C'est pourquoi il est préférable d'avoir lu « L'impensable immensité de l'infini et le Big Bang », dont cet opus est une reprise et la suite, pour se rendre compte que même si les « hypothèses » que j'ai appelées « hypothèses de la préquantique », concernant l'infiniment petit, ne sont pas expérimentables, elles aboutissent à une réalité prouvable.

Je signale que dans l'opus actuel, je vais remplacer le terme « hérule », terme nouveau en physique et que j'employais dans mes ouvrages précédents, par « quantum propagé » qui, tout compte fait, signifie la même chose.

En outre, vers la fin de mon dernier ouvrage, plus que surpris par ce que j'avais déjà découvert et voulant le faire savoir sans plus attendre, j'avais annoncé qu'il y aurait une suite.

Cet opus en est la suite.

*** Le MSC, qui décrit une théorie des débuts de l'Univers et l'historique de l'apparition progressive des particules et atomes, ne commence « qu'après » le Big Bang, bien que cet après en soit très proche.

Pourtant, « l'avant Big Bang » est primordial, justement pour comprendre le vide, le Big Bang lui-même et l'après Big Bang.

Bien sûr, il est difficile d'admettre, comme l'a montré la préquantique, que l'Univers soit né en « dix puissance moins quarante-trois secondes ».

Cette durée ne représente même pas un millionième de battement de cils !

Mais une telle durée dans « le vide absolu » a permis à beaucoup de choses de s'y produire en raison des vitesses phénoménales qui peuvent s'y exercer puisque dans ce vide absolu, il n'y a rien pour freiner la vitesse qui peut donc atteindre des valeurs nous paraissant maintenant incroyables ou impossibles…

… Des vitesses très supérieures à celle de la lumière qui est faite de l'émission de photons, des entités dont la masse est certes très faible, mais dans un vide qui n'est pas absolu puisqu'il est quantique, c'est-à-dire fait de quanta vibrants.

Un autre problème qui brouille les pistes pour les scientifiques, c'est que ce qui s'est produit après le Big Bang est physiquement caché aux observations par ce qui est appelé le Fond Diffus Cosmologique, estimé s'être produit environ 380 000 ans après le Big Bang.

La physique justifie le fond diffus cosmologique comme étant ce qui correspond à l'ère de la recombinaison de la matière après le Big Bang.

Les instruments télescopiques actuels ne peuvent pas encore le traverser, et les ondes fossiles primordiales qui sont supposées dévoiler le Big Bang ne peuvent pas être atteintes.

Pour la préquantique, le Fond Diffus Cosmologique s'explique par l'expansion de l'Univers. Expansion qui, au bout d'un certain temps, a été suffisante pour scinder les trous noirs qui le constituaient en trous noirs plus petits… C'est l'histoire relatée dans cet opus.

Et ce qui existait avant le Fond Diffus Cosmologique nous sera toujours inaccessible, alors que des galaxies et des étoiles, nées à cette époque, vont continuer à apparaître pendant un certain temps encore.

*** Dans mon dernier ouvrage, j'ai pu représenter la structure du vide de l'espace dans lequel le « Big Bang » s'est produit.

Ce vide ayant une structure, ne peut être considéré comme un vide absolu qui par définition ne comporterait rien et en particulier aucune structure.

Aucun télescope, y compris les derniers nés, n'y parviendra car s'ils sont focalisés sur l'infiniment grand et lointain, en fait tout l'infini petit ou grand nous échappe.

Nous pensons pouvoir atteindre ce que l'on appelle l'infiniment grand avec un télescope tel que le dernier né, le James Webb, mais pas l'infiniment petit dont la durée de vibration des quanta qui le constituent est à la hauteur de dix-puissance moins 43 secondes (valeur caractéristique définie par Planck), qui nécessiterait un appareillage encore non imaginé et totalement différent de ceux existants ;

En fait tout infini nous échappe.

Pourtant, cet infiniment petit peut être dessiné et représenté physiquement... C'est ce que j'ai fait, page 42 de *L'impensable immensité de l'infini et le Big Bang* et à la fin de cet opus.

Avoir représenté une structure invisible, non expérimentable, non postulée par la physique actuelle, contenant des entités presque infiniment petites et rapides, c'est quelque chose auquel tout le monde ne peut pas adhérer.

… Il faut pouvoir décrire ce vide pour comprendre le Big Bang, parce que le vide, « s'il n'est que vide et absolu », donc ne contenant absolument rien, ne peut rien fabriquer de lui-même, en particulier ni le Big Bang, ni l'Univers…

Et cela laisse les scientifiques et les philosophes désarmés, en proie à l'incompréhension devant l'Univers et obligés de faire des hypothèses sur une possible matière noire ou sur une énergie noire que l'on recherche, sans les trouver ou sans pouvoir les définir, pour expliquer certaines propriétés de ses galaxies ou de son expansion.

Pourquoi y a-t-il quelque chose plutôt que rien ? avait demandé Albert Einstein.

Il faut quelque chose à l'origine de toute création. C'est en substance ce qu'a dit Lavoisier, qui était un chimiste.

En fait, un vide absolu ne contenant rien, ne serait ni rationnel, ni logique pour justifier la naissance de l'Univers, alors que le développement de l'Univers, (développement mais pas origine) du début jusqu'à maintenant, comme la « préquantique » l'a montré, est parfaitement logique.

Le physicien Aurélien Barrau et d'autres physiciens prônent maintenant que le Big Bang ne serait pas le début du Cosmos.

Ils ont raison ; le Big Bang s'est produit « dans » le Cosmos, un vide contenant quelque chose, donc une structure…

Parler de « structure » c'est bien, mais il faut la dessiner. C'est ce que j'ai fait dans mon dernier ouvrage et que vous pouvez voir à la fin de cet opus.

*** Dans mon dernier ouvrage, j'ai montré mais je n'avais peut-être pas assez insisté, que dans l'Univers, ce qui possède des propriétés, visibles ou pas, n'est pas une illusion, mais est **« concret »** ;

Evidemment cela surprend, mais si l'on veut comprendre l'Univers, il faut s'attendre à être surpris...

J'avais postulé **concret**, et je rajoute maintenant pour insister sur cette concrétisation « **persistant dans une certaine durée ou toujours persistant** », par opposition à disparaissant ou à évanescent, ou encore par opposition à la durée du temps de Planck.

Concret et persistant, pour le vide, c'est quelque chose que la science moderne n'a jamais envisagé puisque le vide, surtout s'il est absolu, est supposé ne rien contenir.

Mais c'est en fait la chose la plus importante pour qui cherche à comprendre ce qu'est l'Univers.

Ainsi, les quanta qui forment le vide de l'espace vibrent en permanence et sont concrets et persistants.

Une conséquence, c'est la lumière.

La préquantique a montré qu'elle est propagée grâce aux quanta stationnaires qui meublent l'espace : les photons qui la constituent, qu'ils soient émis par un astre ou par une lampe électrique, sont propagés n'importe où et n'importe quand par les quanta stationnaires qui meublent le lieu.

Ces quanta, sont des quanta stationnaires et concrets, toujours présents, donc persistants en ces lieux.

Cela veut dire que le vide lui-même, qui bien sûr nous est invisible, est quelque chose de concret et persistant, c'est-à-dire non uniquement conceptuel comme nous pourrions le croire, mais également éternellement durable, ce qui en fait quelque chose de représentable et de compréhensible.

Cela signifie en particulier que les quanta stationnaires qui forment le vide, bien qu'invisibles, sont des entités concrètes, dont les vibrations durent depuis toujours.

Imaginer que pour former le vide, il faille des quanta comme des entités concrètes ne disparaissant pas quels que soient les endroits où ils se trouvent, et quelle que soit la température du lieu, peut surprendre, mais c'est logique.

C'est nécessaire pour justifier la « constance de la vitesse de la lumière » quels que soient sa direction et son âge, dans ce qui est appelé le vide.

C'est également nécessaire pour justifier le Big Bang et la naissance de l'Univers ainsi que les propriétés de l'Univers, dont sa chute continue de température depuis sa naissance. (Chute de température due à son expansion, donc à son grossissement dans le supposé vide qui n'est pas vide).

*** « Être concret » pour le vide, plutôt qu'être évanescent ou inexistant, implique que le vide possède une structure qui permet à la lumière de voyager à la vitesse que nous lui connaissons entre les galaxies et de nous les rendre visibles…

C'est cette structure qui permet également de comprendre la chute de la température de l'Univers depuis sa naissance ;

Mais il faut démontrer pourquoi cette vitesse de la lumière est constante.

Et les raisons datant d'avant l'apparition de l'Univers, donc sans équation, puisqu'il n'est pas possible d'en créer pour décrire cette époque mystérieuse, sont ce qui permet de comprendre la nature du vide et de le décrire. (Voir *L'impensable immensité de l'infini et le Big Bang*).

Cela ne veut pas dire sans mathématiques car il vaut mieux savoir compter surtout en ce qui concerne les grands nombres et les élévations en puissances de ces nombres…

*** Un rappel sur la sphéricité des entités dans l'Univers :

Dans mon dernier ouvrage, j'ai pu expliquer pourquoi dans un vide absolu, ou moins absolu comme le vide quantique, les corps y prenant naissance ou qui s'y trouvent, et étant *concrets*, sont « sphériques ».

Les étoiles et les planètes, objets que nous ne pouvons pas manquer de voir dans le ciel, en sont la parfaite illustration.

Les météorites n'étant que des objets ou des débris apparus suite à des collisions diverses entre corps bien après le Big Bang, échappent à cette règle, mais ils sont faits d'atomes dont les composants, quarks et électrons, sont sphériques.

Il en est de même pour les atomes des plantes, animaux ou humains, avec leurs formes variées, qui sont nés bien après le Big Bang.

L'explication de cette « sphéricité » née dans le vide absolu grâce à la force égale de ce dernier dans toutes les directions, que la préquantique a pu démontrer, pourrait maintenant faire l'objet d'un véritable théorème.

Elle est due au fait que la force du vide absolu qui ne contient rien, mais qui grâce à ce rien attire tout, est la même dans toutes les directions.

Cette sphéricité qui s'applique à tout, en particulier aux quanta qui meublent le vide, implique que les quanta vibrants, jusqu'à l'infini, soient d'allure sphérique…

Et outre cela, elle permet de comprendre de nombreux mystères

C'est en particulier le cas qui intrigue beaucoup : Des électrons dont on a remarqué qu'ils émettent des photons.

Mais cela n'explique pas la forme des galaxies, généralement aplaties qui sont apparues après le Big Bang… Mais forme qui s'explique en raison de l'expansion non pas sphérique, mais cubique de l'Univers… (Voir *L'impensable immensité de l'infini et le Big Bang*).

*** Mais tout comme Einstein, pour ne citer que le plus célèbre des physiciens modernes, vous ne connaissez pas et n'avez jamais vu ni le vide absolu, ni le vide quantique, ni les quanta, car ces derniers, compte tenu de leurs spécificités et caractéristiques dimensionnelles infiniment faibles, ne sont effectivement ni visibles ni perceptibles.

(Je rappelle que j'ai démontré l'existence des quanta spécifiques à l'espace considéré vide dans mon dernier ouvrage)

Einstein a postulé les principes de la « relativité » des phénomènes

… mais pas leur caractère absolu dans l'espace.

… Ni le caractère absolu du temps ou sa définition :

« Le temps » :

Une vibration d'entité, c'est une dilatation suivie d'une rétraction permettant de retrouver la taille initiale de l'entité vibrante.

Comme mon dernier ouvrage l'a montré, le temps dans l'univers est fait de vibrations quantiques c'est-à-dire des vibrations concrètes et permanentes des quanta, et se poursuit par accumulation dans l'espace des vibrations quantiques, vibrations concrètes et persistantes, qui le constituent.

Le Big Bang qui d'après la préquantique, a démarré pendant une vibration quantique défectueuse formant l'espace, impliquant une implosion, marque le début de ce qui pour nous est le temps. Mais celui-ci, comme les vibrations, existait depuis bien avant le Big Bang.

Le temps ne s'est jamais interrompu car le Big Bang ne pouvait pas interrompre les vibrations quantiques des quanta de l'espace voisin non implosé constituant le temps et le vide, et il s'est poursuivi dans la continuité pour aboutir à l'Univers actuel.

Nous voyons que le temps existe vraiment et pour répondre aux interrogations des philosophes depuis l'antiquité ainsi qu'aux interrogations actuelles de certains scientifiques comme Penrose, ou Hawking, le fait qu'il soit une suite de vibrations quantiques spatiales et temporelles ininterrompues, en donne une représentation universelle le montrant concret et continu.

Ces successions de vibrations se produisant dans toutes les directions dans l'espace à trois dimensions ne s'interrompent jamais : étant concrètes et persistantes, elles ne peuvent que s'additionner, non se retrancher, et ainsi constituer le temps et l'espace.

Einstein, pas plus que Stephen Hawking, n'en avait pris conscience ;

Et pour lui comme pour Hawking, le temps est resté un mystère même si pour Einstein, il peut se dilater… Mais cette dilatation n'est qu'une apparence, car elle est due à la représentation des trajets de photons de lumière figurant le temps dans un vide où les quanta ne sont pas représentés (voir page 58 de mon dernier ouvrage). Car Einstein n'a jamais représenté le vide…

Pourtant les vibrations des quanta, à la fois spatiales et temporelles, se heurtant et additionnées, forment **la flèche du temps**, ainsi que **l'espace-temps** et rendent ces derniers logiques et compréhensibles.

*** Les notions de vides différents sont indispensables pour comprendre le vide qui nous environne et pour comprendre l'existence de l'Univers.

Donc je rappelle d'abord comment la préquantique a défini le vide quantique :

Le vide quantique est fait de quanta dont les « caractéristiques » sont celles qui ont été découvertes par Max Planck :

En lecture préquantique, les quanta formant le vide quantique, c'est-à-dire le vide de l'espace, ont la caractéristique d'être vibrants et stationnaires, et en plus, ils sont sphériques, toutes choses que Planck, qui les avait découvertes, n'avait pas imaginées.

Ils sont sphériques comme tous les corps concrets vibrants dans le vide absolu, car ils sont soumis à la force égale dans toutes les directions du vide absolu.

(Vous pouvez comprendre pourquoi en détail à la lecture de mon précédent ouvrage qui fait intervenir la seconde loi de la thermodynamique et le principe de Carnot.)

Planck n'avait pas imaginé que les quanta aient cette caractéristique les rendant sphériques, caractéristique qui est donc additionnelle par rapport à ce qu'il avait découvert…

… Et additionnelle par rapport aux analyses courantes des scientifiques contemporains qui cherchent en vain à comprendre ce qu'est le vide.

Partant de l'analyse des quanta, la « Préquantique » a montré que le « vide quantique » est un vide plein de quanta concrets, stationnaires et vibrants, situés à égales distances les uns des autres dans toutes les directions, et se heurtant au moment de leurs vibrations maximales, c'est-à-dire de leurs élongations maximales, avant de se rétracter.

Dans ce vide dit quantique par la préquantique, en raison des quanta qui le constituent, les quanta se heurtent au bout d'une durée égale à ce qui est appelé le temps de Planck, soit 10 « puissance » moins 43 secondes.

Leur rayon maximum, qui est égal à la dimension dite de Planck, soit 10 « puissance » moins 33 centimètres, correspond au temps parcouru par la lumière dans le vide pendant cette durée.

Des valeurs stupéfiantes, presque infiniment petites et rapides, découvertes mathématiquement par Planck avec un tout autre objectif puisqu'il ne s'agissait pour lui que d'expliquer les propriétés des corps noirs, et sans leur donner la caractéristique de la sphéricité vibrante qu'il ignorait…

… Tout comme sans leur donner un rôle dans le vide de l’espace pour justifier le Big Bang, car Max Planck, malgré sa découverte des quanta, n’est jamais remonté au Big Bang.

*** Il faut faire un gros effort d'imagination pour se représenter ce vide quantique, où que l'on regarde, à l'intérieur de chez soi, ou au-dehors, mais cela en vaut la peine.

Les quanta qui le constituent, se heurtant, sont « invisibles », parfaitement invisibles, car presque infiniment petits et rapides, et ils remplissent le vide absolu jusqu'à l'infini, partout, chez soi et ailleurs dans le ciel. Ils sont en outre masqués par le vide atmosphérique.

C'est ce qui est hallucinant :

Quand on le calcule en fonction de leurs caractéristiques, ce qui n'avait pas été fait par Planck, le nombre de quanta par unité de volume, même si cette unité de volume est petite, paraît impossible tant il est élevé.

Il faut dire qu'étant donné leurs caractéristiques dimensionnelles, il y a dix « puissance » quatre-vingt-dix-neuf quanta par centimètre cube... Imaginez ce nombre si vous pouvez ! Il est infiniment supérieur à la totalité des grains de sable que vous pouvez trouver sur la Terre !

*** D'après leur analyse par la préquantique, les quanta formant le vide quantique, se heurtant, et bien que formant un espace vide et discontinu entre les heurts, grâce à la vitesse de ces heurts, agissent comme s'ils réalisaient une sorte de « continuum » invisible.

... Rien de choquant et dont on ne peut se douter puisque nous ne les voyons et ne les imaginons pas.

... Un vrai continuum, ne laissant des vides que d'une durée inférieure à celle d'une durée de Planck, ou nulle au moment des heurts, entre les bords sphériques se heurtant.

... Un continuum très différent et infiniment supérieur à celui des atomes dont on sait qu'à leur échelle, ils sont pratiquement vides.

(Une image connue pour illustrer le vide de l'atome : Un électron serait une automobile circulant sur le périphérique parisien, alors que le centre de l'atome serait une orange située au Châtelet. Et rien que du vide entre le périphérique et le Châtelet. Cela laisse de la place...)

Une telle représentation des quanta, totalement inhabituelle, montre en particulier que les photons traversant les quanta, s'ils sont impulsés par les vibrations des quanta et réabsorbés par les quanta qui se suivent, et ce, en continu, sont propagés à la vitesse de la lumière dans le vide, quelle que soit leur direction.

Et, question au passage : Jusqu'où s'étend l'infini cosmique que les photons pourraient atteindre en étant ainsi propagés ? Et qu'y a-t-il au-delà de cet infini que l'on ne peut imaginer, tant l'infini est toujours plus grand que ce que l'on imagine ?

(Remarquons que bien que souvent évoqué, l'infini n'est jamais défini par les scientifiques actuels.)

Oublions l'infini pour le moment.

*** D'abord les quanta. Comment la préquantique les a-t-elle trouvés ?

Ce n'est pas en refaisant les calculs extraordinaires de Planck pour définir les caractéristiques des quanta, mais c'est en extrapolant au-delà de ses extrémités le tableau bien connu du spectre des ondes électromagnétiques que, pour ma part, j'ai trouvé dans l'ouvrage « Quantique » de J.M. LEVY LEBLOND et de Françoise BALIBAR.

Examinons les résultats de cette extrapolation que l'on peut trouver page 25 de *L'impensable immensité de l'infini et le Big Bang*.

Elle aboutit du côté des hautes fréquences aux valeurs dites caractéristiques de Planck !

Du côté des basses fréquences, elle aboutit à la vitesse de la lumière. Au passage, elle permet de trouver la valeur de l'énergie d'un quantum, en montrant qu'elle est de 10 « puissance moins 14,5 électrons volts »… !

Ces deux extrapolations aux limites du spectre connu font plus que multiplier la longueur de ce spectre.

...Mais plus important, découvrir de cette façon les quanta, les avalise.

« Découvrir les caractéristiques des quanta » sans aucun calcul et par simple extrapolation du tableau d'ondes électromagnétiques, c'est absolument inattendu et c'est incroyable.

Sans aucun instrument !

Quelle économie de moyens par rapport aux recherches qui mobilisent les instruments les plus sophistiqués et coûtent des milliards de dollars !

Et surtout c'est une « *confirmation physique* » de l'existence des quanta.

Si vous en doutez, extrapolez vous-mêmes le tableau d'ondes électromagnétiques, et examinez ce à quoi vous aboutirez.

*** Le « vide absolu » que l'on ignore généralement superbement car Einstein n'y croyait pas et parce que beaucoup de scientifiques ne sont toujours pas persuadés de son existence, est un vide ou un espace *qui ne contient absolument rien...*

« Rien » en physique de l'Univers est un terme terriblement fort. Dans le vide qui nous entoure, par exemple, il y a une atmosphère, donc ce n'est pas un *rien*. C'est une accumulation d'atomes d'azote et d'oxygène.

Pour trouver un « rien » véritable, d'un certain volume pour être capable de générer l'expansion, vous avez vu dans mon dernier ouvrage qu'il faut aller loin et même très loin...

(Jusqu'aux limites de l'Univers !).

« *Absolumen*t *rien* » renforce encore plus ce terme « *rien* ».

*E*ntre les étoiles, tout nous paraît vide. Mais ce vide est différent d'un rien, car il y a quelque chose :

Ce vide possède une structure... Entre les étoiles, car la lumière peut s'y propager. ... Et il faut une structure du vide pour permettre la propagation de la lumière.

Entre les étoiles, il n'y a donc pas un vide absolu : C'est *un vide qui possède une structure. Un vide dont on peut démontrer qu'il est quantique car fait de quanta vibrants. (De nouveau, voir mon ouvrage précédent).*

Donc un vide formant l'espace que les physiciens aujourd'hui cherchent à comprendre pour expliquer ses propriétés.

...Le terme « Rien », entre les étoiles, signifierait : « Ne contenant pas les moindres entités ».

Ce n'est pas le cas du vide entre les étoiles puisqu'il peut propager la lumière. Il contient donc quelque chose.

Ou encore, par analogie, ce ne sont pas les atomes composant l'atmosphère terrestre, qui comme tous les atomes, faits d'électrons ou d'orbitales d'électrons dans les nuages électroniques, et de quarks, sont de dimensions monstrueuses comparées à celles des quanta.

... Et pas les atomes des différentes atmosphères ou d'absence d'atmosphère des étoiles ou planètes, faites d'atomes différents de ceux de l'atmosphère terrestre. Par exemple, une atmosphère de méthane de certaines planètes.

L'existence de ce « vide absolu » n'est pourtant pas qu'une simple hypothèse. Les faits, si nous les analysons, montrent non seulement qu'il existe, mais que le rôle de ce vide absolu est essentiel pour les entités formant l'Univers.

Le vide absolu existe même dans les corps qui nous paraissent les plus hermétiques au passage de la lumière.

Si ce vide absolu est surprenant, c'est parce qu'il *attire tout ce qui l'entoure, avec une force extraordinaire.*

Et s'il attire ce qui l'entoure, c'est justement parce que ce vide absolu, quel que soit son volume, ne contient rien.

Tout ce qui lui est extérieur va s'y précipiter pour le remplir *et le rendre analogue au « vide quantique »* dans lequel il est immergé et qui est à la base de tous les autres vides.

Mais régnant partout, il attire dans un sens et dans le sens opposé, ce qui le fait vibrer.

« *Le vide quantique* » est le vide dont la *structure* faite de quanta permet la propagation de la lumière, entre autres, entre les étoiles. Il est donc différent du vide absolu qui ne contient rien, car il possède une structure qui lui permet de propager la lumière.

Mais ce dont il faut se rendre compte, c'est que le vide quantique est inclus ou superposé au vide absolu dont la présence fait vibrer sa structure. Autre façon d'exprimer ce fait, c'est dire que le vide absolu est inclus dans la structure du vide quantique. Ou encore, que vide absolu et vide quantique sont intriqués…

Plus simplement, le vide absolu les dilatant ou les rétractant fait vibrer la structure des quanta, ce qui en fait un vide quantique…

*** Le vide quantique, contrairement au vide absolu, est un vide qui possède une structure.

Il est difficile d'imaginer un tel vide, mais c'est démontrable par « *exploitation de documents existants ou par observation du ciel* ».

Les documents existants sont les spectres d'ondes électromagnétiques que l'on doit extrapoler à partir de leurs extrémités et qui, incroyablement, de façon surprenante, aboutissent aux valeurs caractéristiques des quanta…

C'est ce qui m'a mis sur la piste de la « préquantique » en montrant la continuité de la présence des quanta dans l'espace qui paraît vide, mais qui ne l'est pas.

Le vide quantique formant le vide du ciel est fait d'une infinité de quanta qui forment sa structure…

Les quanta soumis au seul vide absolu, étant concrets, sont sphériques car ils sont attirés par la force de ce vide de façon identique, quelle que soit sa direction.

Ils sont creux. Rappelez-vous ou relisez comment la préquantique l'a montré dans *L'impensable immensité de l'infini et le Big Bang.*

Étant creux, leur vide intérieur qui est un vide absolu, les fait se rétracter sur eux-mêmes. Et le vide extérieur tout autant absolu, les fait se dilater lorsqu'ils sont rétractés.

.... Il y a donc rétraction, dilatation, rétraction, dilatation, depuis toujours, pour toujours, et jusqu'à l'infini cosmique... Qui n'est peut-être pas « **l'infini absolu** ».

L'infini absolu est une notion nouvelle et dérangeante pour l'esprit, mais elle mérite que l'on s'y interroge.

Mais vous pouvez douter de l'existence de ce vide absolu, c'est normal, car dans l'Univers, il n'existe pas d'entités visibles soumises à ce seul vide, hormis l'Univers lui-même dans ce que l'on appelle le vide infini de l'espace, qui est la raison de son expansion.

C'est le vide absolu constituant le vide de l'espace, qui se propage en limite de l'Univers qui provoque l'*expansion* de celui-ci ;

La préquantique a appelé ce vide absolu « **une *déchirure d'espace*** », pour tenir compte de ce que ce vide absolu possède un « volume constant » qui est absolument vide, mais qu'il se propage dans un « espace quantique », donc dans un espace loin d'être vide puisqu'il est fait de quanta vibrants qui se heurtent.

Le volume constant correspond au volume des quanta implosés au début du Big bang.

La déchirure d'espace, vide absolu, est en propagation constante dans le vide quantique pour combler les vibrations des quanta qui la jouxtent et qui vibrent à la vitesse correspondant à celle nécessaire pour que la lumière ait la vitesse que nous lui connaissons.

*** L'Univers, je le rappelle, selon sa définition préquantique est lui-même d'un volume fini car il est fait d'un nombre fini de galaxies. ... Nombre fini, bien que l'on continue à découvrir des galaxies grâce au télescope James Webb, mais même si on ne le connaît qu'approximativement, nombre non infini.

Cette « expansion » de l'Univers se comprend très bien à partir du vide absolu qui l'attire dans toutes les directions grâce à une « déchirure de l'espace absolu » dans l'espace dit quantique fait de quanta vibrants et stationnaires...

Nous avons vu que les caractéristiques des quanta découlent d'une part des calculs extraordinaires et géniaux de Planck, pour justifier leur quantification, certes, puisque c'est ainsi qu'il les a découverts...

... Mais également, cette fois sans calcul, par « l'examen du spectre électromagnétique » (Celui de la page 25) si l'on extrapole ses extrémités en direction opposée à son centre.

Faites vous-mêmes cette extrapolation à partir d'un spectre d'ondes électromagnétiques que vous trouverez dans un ouvrage scientifique, comme « Quantique », ou regardez cette extrapolation du spectre d'ondes électromagnétiques dans mon ouvrage précédent.

Et les quanta qui maillent l'espace, sont l'espace quantique à la base de l'espace-temps qui nous enveloppe !

*** Le temps de Planck, qui fait partie des caractéristiques dites de Planck, est extrêmement court : dix puissance moins quarante-trois secondes :

C'est ce que la préquantique a appelé une **vibration,** faite d'une dilatation et d'une rétraction.

... Une vibration de l'espace, sphérique, que l'on voit dans le schéma de propagation des photons page 58 dans mon dernier ouvrage.

Ce schéma page 58 est supposé démontrer l'accélération du temps pour un observateur doué d'une grande vitesse pour Einstein, à condition de retirer les quanta qu'il ne connaissait pas.

Selon la préquantique, cette vibration sphérique (voir page 42 ou à la fin de cet opus) se dilate dans un **domaine de vibration cubique** qui lui est propre.

« **Domaine de vibration** » est une notion nouvelle pour la physique, un terme inventé par la préquantique. C'est un domaine car ce lieu est stationnaire c'est à dire fixe, et enveloppe une vibration qui se répète indéfiniment.

Ce domaine de vibration est stationnaire et ne contient qu'un quantum à la fois :

Les vibrations impulsent les photons, ce qui propage la lumière.

Dilatation, rétraction, dilatation, rétraction à l'infini…

… Des vibrations, d'un point de vue philosophique, vibrantes comme une respiration du vide.

…Des vibrations infiniment petites et rapides, qui nous enveloppent et nous traversent à notre insu.

Physiquement, une vibration c'est la dilatation/rétraction d'une sphère infiniment petite : ce qui a été appelé un quantum.

Cette sphère se développe dans un domaine de vide absolu infiniment petit qui ne peut être que cubique puisque chaque domaine de vibration est une enveloppe cubique de sphère.

Chaque enveloppe cubique est contiguë aux autres et les sphères peuvent se heurter lorsque leur rayon, c'est-à-dire leur dilatation, est maximum.

Les caractéristiques de Planck sont la longueur qui vaut 10 « puissance » moins trente-trois centimètres, et la durée, de 10 « puissance » moins quarante-trois secondes. La durée, c'est le temps mis par la lumière pour parcourir la longueur de Planck pendant la vibration.

Ces caractéristiques de durée et de longueur, infiniment courtes et rapides, sont inatteignables dans l'Univers.

On ne peut donc pas les mesurer au moyen d'expériences de physique, ce qui serait nécessaire en tant que preuves évidentes, et serait un Graal pour la physique…

Un Graal inatteignable probablement pour longtemps, et dont il nous faut se passer.

D'un autre côté, pour envisager objectivement les choses, si nous acceptons que le vide soit courbe ou ait une courbure, comme l'a postulé Einstein, nous n'avons jamais vu cette courbure dans l'espace ou dans des collisionneurs de particules. Nous n'en voyons que les effets.

(Dans les collisionneurs nous voyons des courbures de trajets de particules après explosion, mais pas avant.)

Cette courbure ressort de ses calculs. Il l'a représentée avec une masse reposant sur une grille, mais une grille hypothétique qui ne représentait pas un espace réel à trois dimensions, mais représentait un espace à deux dimensions, celles d'une surface.

Alors pourquoi objectivement, ne pas accepter le vide absolu et le vide quantique qui sont à l'origine de vibrations présentes en permanence dans l'espace à trois dimensions et qui le forment en créant ce que l'on peut appeler l'espace-temps ?

Il y a des choses qui ne se dévoilent pas, quelle que soit la méthode d'investigation ou d'observation.

Et pourtant la théorie de la Relativité qui postule la courbure du vide, courbure que nous ne pouvons pas voir non plus, est une théorie acceptée par la communauté scientifique quasiment unanimement.

*** De telles vibrations, infiniment petites et infiniment rapides, dans cet infini qui nous entoure, il y en a des milliards de milliards…

… Et de milliards…

Je ne compterai pas le nombre de milliards qu'il faut incorporer dans cette suite de milliards qui s'étend jusqu'à l'infini. C'est ce qui constitue la trame du vide quantique jusqu'à l'infini.

Pour en avoir une idée, il suffit de savoir qu'il y en a environ dix « puissance trente-trois » sur une longueur d'un centimètre, et environ dix « puissance quatre-vingt-dix-neuf » par centimètre cube de vide quantique, jusqu'à l'infini.

Valeurs qui ressortent des caractéristiques de Planck et interprétées de façon dynamique par la préquantique ;

Le vide quantique c'est aussi l'espace-temps puisque les vibrations dans des domaines quantiques cubiques sont caractéristiques à la fois de l'espace et du temps.

Une trame surprenante…

Mais au passage une question embarrassante : l'infini cosmique a-t-il une limite, et, si oui, où est-elle ? Et qu'y a-t-il au-delà de cette limite ?

*** La préquantique a montré que les particules ou entités constituant les atomes sont formées d'agglomérations de quanta.

Les entités se trouvant dans le vide quantique et groupées ensemble formant galaxies, atomes et étoiles, attirées dans une direction, a minima celle de l'expansion de l'Univers, sont orientées dans le sens de cette expansion, additionnée de la direction d'autres forces.

Quelle est cette direction de l'expansion que les physiciens supposent exister sans pouvoir démontrer pourquoi il y a expansion ?

Il leur faut imaginer une matière noire, des WIMPs, ou une force de gravitation noire pour justifier cette expansion. Un noir bien curieux, sans longueur d'onde… Mais le noir est ce qui caractérise l'espace vide à l'abri de tout éclairage par des galaxies.

… Et alors que le « vide absolu » attire sans effort, puisqu'il doit se remplir naturellement en raison du vide qui constitue son existence…

À partir du lieu du Big Bang, cette direction de l'expansion n'est pas une direction unique ; il n'y aurait aucune raison qu'elle le soit puisque le Big Bang s'est produit dans un espace vide mais infini et ordinaire dans sa monotonie. Elle est composée d'une infinité de directions, comme des rayons infiniment serrés décrivant l'espace dans toutes les directions derrière des vides absolus.

L'expansion de l'Univers est due à l'attraction des vides absolus formant la déchirure d'espace enveloppant l'Univers. Vides absolus qui se sont propagés en éloignement de façon continue au cours des temps, à la vitesse de la lumière, ce qui a créé une limite toujours en agrandissement et créant l'expansion de l'Univers.

Alors pourquoi les galaxies sont-elles distantes et ne se touchent-elles pas bien que s'éloignant et se fuyant ?

La préquantique l'a montré :

C'est dû à l'attraction du vide absolu non pas sphérique, mais « cubique » en limite de l'Univers et à la structure cubique des domaines de vibration des quanta formant l'espace.

Ces domaines de vibration cubiques de vides absolus se jouxtent et attirent la matière de l'Univers, mais attirant de tous côtés, il y a des vides qui prévalent suivant leur position sur des arêtes ou des diagonales, ce qui donne aux galaxies des orientations différentes.

La propagation de ces vides absolus dans le vide quantique depuis le Big Bang a éloigné ces vides absolus de façon à réaliser un cube, mais ils ont conservé leur force individuelle.

Autrement dit, l'expansion de l'Univers est due à l'attraction de vides absolus qui se propagent homothétiquement au vide absolu cubique initial en s'en écartant… D'où l'espacement des galaxies et leur forme plus ou moins aplatie sans qu'il n'y ait besoin de faire appel à une énergie noire mystérieuse.

*** Insister sur l'aspect « concret » des choses même invisibles comme les ondes dans le vide, comme l'a fait la préquantique, est une notion complémentaire aux avancées théoriques de la physique quantique moderne, car celle-ci n'a pas envisagé cet aspect.

Les particules, électrons ou quarks, ou gluons, qui forment et lient les atomes, ou les assemblages d'atomes comme les étoiles, doivent leurs formes généralement plus ou moins sphériques au fait qu'elles soient nées pendant le Big Bang, dans un vide absolu.

Vérifiez dans mon dernier ouvrage : La forme sphérique des particules est due à la **force** du vide absolu qui précède et a présidé à leur naissance.

Force égale dans toutes les directions, et que par analogie, j'ai appelé **la FGVa** ou **F**orce **G**ravitationnelle du **V**ide **a**bsolu.

Mais dans l'Univers s'exercent d'autres forces qui viennent se rajouter à la force du vide absolu, et qui influent sur leur aspect sphérique.

***Le Big Bang :**

Il est décrit dans « l'impensable immensité de l'Univers et le Big Bang » en une centaine de pages, et peut se résumer ainsi suivant la théorie postulée par la préquantique :

En temps normal, pour un quantum vibrant, il y a une rétraction puis une dilatation.

Mais pour une fois, un quantum par suite d'une déficience, ne s'est pas dilaté, ce qui fait que tous les quanta des domaines de vibration voisins, ne pouvant pas le heurter, donc en poursuivant leur rétraction ont continué à converger vers le centre du quantum déficient.

Ce fut la première phase du Big Bang : Pendant une rétraction de quantum, une implosion de l'espace vers un quantum déficient, et non une explosion.

Ces quanta abandonnant par milliards les domaines cubiques de l'espace de vide quantique qu'ils occupaient, se sont agglomérés en une « boule d'énergie », **une boule que l'on peut qualifier de trou noir, le trou noir originel.**

Pourquoi ? Parce que le nombre de quanta implosés et agglomérés dans un volume dont la préquantique a pu montrer qu'il était de la taille d'un ballon de football (10 puissance 118), a été immense, assez pour créer toutes les particules et entités de notre Univers…

J'ai donné ces valeurs, car elles sont calculables à partir des valeurs caractéristiques des quanta et des observations qui permettent d'estimer le nombre de galaxies et d'étoiles dans l'Univers. Ce nombre estimé évoluera en fonction des découvertes, mais restera un nombre fini…

… Supérieur même à celui nécessaire pour réaliser les atomes de l'Univers, puisqu'une partie des quanta a été annihilée pendant leur intrication au cours du Big Bang.

Et trou noir car bien qu'invisible, ses caractéristiques vont l'amener à se disperser en créant l'Univers.

Dans la première phase du Big Bang, les quanta qui ont implosé, étant concrets, en abandonnant leur place initiale, ont créé un espace cubique de vide absolu.

Et dans cet espace devenu cube de vide absolu, le « trou noir » a explosé en se scindant progressivement en trous noirs plus petits.

Ils se sont scindés d'abord dans le vide absolu, puis arrivés à ses limites calculables, ont poursuivi leur course dans le vide l'environnant.

Le vide « environnant » le vide absolu était quantique car comme tout l'espace, et non seulement au moment du Big Bang, il est fait de minuscules quanta vibrants.

Les trous noirs plus petits que le trou noir originel, mais provenant de quanta assemblés et vibrants, assemblés mais non soudés puisqu'ils étaient vibrants, se sont propagés et scindés dans ce vide quantique.

Ces trous noirs plus petits mais contenant des nombres immenses de quanta, ont été attirés par les vides absolus dispersés à l'orée du vide resté quantique et formant la déchirure d'espace.

Demeurés des agglomérations d'énergies, ces trous noirs propagés sont en quelques années devenus des centres de galaxies, qui nous sont apparues à l'ère du Fond Diffus Cosmologique, lorsque la pression qui les enveloppait, par suite de l'expansion, a suffisamment diminué.

Centres qui à leur tour ont explosé, se scindant en étoiles et en ce qui les compose, atomes, quarks et électrons.

Centres cependant assez éloignés les uns des autres pour laisser passer les photons et donc la lumière.

Atomes, quarks, électrons, provenant de trous noirs, sont aussi composés de quanta dont le nombre immense et calculable montre que ce sont aussi des trous noirs.

La conclusion est que **l'Univers est un trou noir,** fait d'une énorme quantité de quanta en quantité supérieure à celle nécessaire pour créer l'Univers, en raison de leur annihilation qui a suivi.

Mais un trou noir qui, aspiré par la déchirure d'espace formée de vides absolus, se disperse ou s'évapore à son tour comme le postulerait Stephen Hawking en trous noirs plus petits qui à leur tour s'évaporent en galaxies et étoiles, …

Galaxies et étoiles qui sont faites de quarks et d'électrons, c'est-à-dire en atomes, qui eux-mêmes, faits d'agglomérations de quanta, sont également des trous noirs !

La masse de ces trous noirs, nulle dans le vide absolu, car ce dernier ne crée pas de freins lorsqu'il propage les particules, condition sine qua non pour créer une masse, (Voir *L'impensable immensité de l'infini et le Big Bang*), devient réelle dans le vide quantique qui les propage.

Toutes ces entités sont des trous noirs car formées de milliards de quanta, qui concrets et persistants, sont d'une énergie comparativement énorme pour leurs tailles, et d'une énergie totale bien définie que l'on peut mesurer.

…Ce qui forme l'Univers et boucle la boucle de son mystère.

Nous pouvons calculer qu'un électron par exemple, c'est dix « puissance » vingt quanta.

Un quark, c'est dix fois plus.

Cette accumulation fait de l'électron un vrai trou noir, et c'est en outre ce qui explique ses propriétés physiques et chimiques : Il peut perdre des photons qui iront se « marier » à d'autres entités ou resteront photons libres dans le vide quantique.

D'où le titre de cet ouvrage, « Trous noirs et univers ».

Univers avec un petit « u », car en dehors du nôtre, il devrait y avoir des tas d'univers.

L'Univers est un trou noir et tout dans l'Univers est trous noirs, y compris ses plus infimes particules.

D'où la question :

Y a-t-il eu un seul trou noir original au cours des âges ? Et combien d'univers ?

Il n'y a aucune raison pour que seul notre Univers existe. Pour générer un univers, il suffit de la déficience d'un quantum, alors que l'espace en comporte des infinités.

Comment d'autres univers n'auraient-ils pu ne pas avoir pris naissance, que ce soit avant, pendant ou après le nôtre et durant toute l'éternité.

L'éternité est aussi longue et mystérieuse que l'infini.

Peut-on le savoir autrement que par l'imagination tant que nous ne voyons pas ces univers ?

Mais mon but étant de commenter et de justifier l'Univers après sa naissance, je vais poursuivre cet opus.

ET LA TERRE ?

En écrivant tout ce qui précède, je me suis cantonné à l'Univers, ce qui est déjà beaucoup puisqu'il contient des milliards de galaxies et d'étoiles ainsi que de planètes.

Mais que dire de la Terre, qui nous intéresse au plus haut point puisque nous y vivons ?

***La Terre** n'est qu'une moyenne planète née de l'explosion du soleil, dans le système solaire. Elle paraît encore plus petite dans notre galaxie la Voie lactée, puis dans l'Univers où elle est infiniment petite, et dans l'infini au-delà de l'Univers où elle semble carrément inexistante...*

À nos yeux, elle nous paraît immense.

Un peu comme s'il n'y avait qu'elle dans l'Univers, un Univers qu'elle nous fait oublier.

Elle est pleine d'une quantité infinie d'atomes pour constituer le sol, les glaciers, les abysses marins et les montagnes, les plantes, les herbes et les arbres, et tous les milliards d'espèces animales :

Amibes, planctons, méduses, fleurs, coraux, fourmis, colibris, casoars, iguanes, globicéphales, tigres de Sibérie, bonobos, singes hurleurs, singes long nez, otaries, requins, éléphants, baleines à bosse, etc., etc., ou encore les « humains ».

Des milliards et des milliards d'espèces, sans compter les espèces disparues...

Chaque être vivant étant unique, peut être considéré en lui-même comme étant une espèce...

...Toutes choses et êtres étant liés entre eux et dépendant les uns des autres

Mais nous les humains, nous pouvons dire que nous avons de la chance...

Une chance colossale et incommensurable dont nous ne sommes absolument pas conscients et dont nous n'avons pas su toujours profiter.

Et dont nous ne savons toujours pas profiter.

Ce qui est infiniment bête, dirait Einstein...

...**De la chance**, dont on oublie de profiter alors que chaque jour devrait être une fête indépendamment de nos conditions de vie, si tout le monde en était conscient et oubliait ses intérêts qui le poussent parfois aux pires exactions...

… Tueries ignobles, assassinats horribles, de masse, les génocides, soit individuels, sans compter les autres crimes…

…**De la chance** d'être parvenus à ce que nous sommes, des êtres pensants sur Terre, alors que la majorité des êtres encore vivants n'ont pas nos capacités cognitives et physiques et tout en vivant, ne se rendent pas compte qu'ils vivent.

…**De la chance** que la Terre pour le moment soit à la bonne distance du Soleil, ce qui n'a pas été toujours le cas depuis qu'elle est apparue, mais a permis, n'en doutons pas, l'éclosion de la vie, même si celle-ci est peut-être venue d'ailleurs dans le cosmos, nécessitant la présence d'eau et d'atmosphère…

…**De la chance** d'avoir échappé aux ravages des mouvements tectoniques, aux extinctions de masse, dont celle provoquée par une météorite il y a soixante-cinq millions d'années au large du Yucatan au Mexique.

…**De la chance** d'avoir profité des eaux des océans en raison de la photosynthèse et qui ont probablement été les berceaux des êtres vivants sur la planète bleue.

Mais toute chance a ou peut avoir un revers et ne pas durer toujours.

Les êtres vivants :

*** L'évolution des êtres vivants, qui a revêtu de multiples aspects, a commencé avec la formation des cellules et le développement progressif de l'ADN dans les cellules.

Cette évolution a généré de grandes diversités parmi les êtres, en développant l'ADN à différents stades de progression, permettant aux entités originales puis constituant les brins de l'ADN de continuer à s'ajouter comme les branches et les feuilles d'un arbre, à partir de son tronc. « Embranchements » de branches et feuilles véritables brins d'ADN de scission.

Des branches et des feuilles dont certaines s'étiolent et meurent, alors que d'autres se renforcent et croissent.

D'où la diversité des espèces et sous-espèces, et des espèces qui disparaissent car incapables de s'adapter ou de résister aux événements, alors que d'autres poursuivent leur évolution, continuant à progresser.

... Et la Terre depuis environ trois milliards d'années, est un support merveilleux pour les espèces qui survivent.

... Qui ont la **chance** de survivre...

*** Dans cet Univers, comme des petits hommes verts décrits par la science-fiction, nous pourrions avoir un cerveau trois fois plus gros, ne pas avoir de masse pour ne pas être soumis à la gravitation et à l'inertie, avoir des yeux trois fois plus grands pour voir au-delà du visible infiniment petit ou infiniment grand, trois paires de bras et vivre trois fois plus longtemps ce qui nous permettrait de voyager dans le temps et dans l'espace pour gagner d'autres étoiles.

… Mais sur Terre, nous ne sommes que ce que nous sommes avec nos capacités biologiques acquises au cours des millions ou milliards d'années ou des millénaires qui nous ont précédés.

*** L'être humain, comme nous le savons d'après la découverte dans le Rift Africain, de « Lucy » qui a été considérée pendant longtemps comme notre aïeule, n'est encore que récent dans l'histoire de la Terre…

Lucy a fait dire à certains, bien sûr, que le premier homme a été une femme… Mais il fallait une femme en plus d'un homme pour que la vie humaine puisse se poursuivre.

… Lucy découverte après sa mort survenue il y a 2 millions d'années n'a été que l'aboutissement d'une longue lignée de quanta organisés en cellules sur Terre, puis en cellules aquatiques devenues des vertébrés, puis devenus bipèdes, mais dont les os ont disparu, soufflés par des vents mauvais, ou écrasés par les mouvements tectoniques des plaques terrestres, les éruptions volcaniques, les catastrophes diverses, ou dévorés par d'autres êtres vivants…

… Lucy a vécu parmi d'autres hominidés comme l'Homo sapiens, les Néandertaliens, et sans doute comme d'autres plus anciens, les Homo erectus, dont on continue à découvrir des squelettes dans d'autres parties du monde.

Pour parvenir à ce que nous sommes, autant qu'on puisse le savoir, il a fallu que nos ancêtres, comme nombre d'animaux actuels, se battent dès leurs premiers instants, contre la nature et contre leurs semblables.

Les combats pour assurer leur survie au milieu des dangers ont été continus rudes et risqués. Cette survie a consisté à d'abord assurer leur protection et leurs besoins en nourriture, y compris contre leurs semblables quand il le fallait.

… Au fil des ans, en fonction de la natalité, des empires se sont construits puis déconstruits ; nous en cherchons encore les traces.

Ces combats qui se sont poursuivis toujours et toujours, aujourd'hui, sont toujours rudes, risqués et dangereusement efficaces pour tous. Motivés par des besoins de domination sur les autres, la foi en des dieux cruels supposés sans pitié pour les non-croyants, et d'une cruauté parfois inouïe au milieu des bouleversements physiques de la Terre.

Bouleversements physiques dus à divers phénomènes naturels comme le réchauffement climatique en raison de la position de la Terre par rapport au Soleil, ou phénomènes amplifiés par la pollution due aux humains.

Malgré tout cela, ayant survécu et étant devenus ce que nous sommes, nous avons encore de la **chance.**

Mais notre chance ne nous empêche pas d'être des êtres plus que minuscules, des infiniment petits dans l'Univers, et ignorés dans l'infini.

L'immensité de la Terre qui nous paraît immense, est infiniment petite dans l'Univers.

Étant petits sur Terre, nous sommes encore plus infiniment petits dans l'Univers, et encore plus dans le cosmos infini.

Comment se fait-il que nos capacités cognitives s'appliquent à comprendre cette immensité qui nous dépasse autant ?

Comment avec de telles capacités pouvons-nous nous conduire si bêtement entre nous ?

*** Il suffit de regarder le ciel avec attention pour être convaincu de notre petitesse dans cet infini…

… De notre infime petitesse dans un infini qui nous semble vide de tout sauf par-ci ou par-là, formant notre Univers, de galaxies et d'étoiles, bien perdues dans ce vide infini.

Le système solaire lui seul renferme des planètes dont les distances qui nous paraissent faramineuses et extrêmement difficiles à franchir, sont infiniment petites en regard des immenses dimensions de notre galaxie et de l'Univers, et ne sont pas visibles dans le cosmos encore plus infiniment grand…

Qui dans une planète appartenant à une étoile d'Andromède va se soucier de la Terre et de ses habitants ?

… Tout comme nous ne devinons que très difficilement les planètes qui gravitent autour d'autres étoiles tout en sachant qu'elles sont très nombreuses.

Et que dire des êtres qui y vivent ?

Pour ces autres planètes, si elles sont habitées, notre immense planète, la Terre, apparaît minuscule.

… La réciprocité est une caractéristique des observations entre habitants, quand il y en a, des diverses planètes.

Et le système solaire n'est qu'un système parmi des millions qui forment notre galaxie et les milliards de galaxies de l'Univers.

Mettons-nous à la place d'êtres vivants sur des planètes de galaxies extrêmement éloignées de la Voie lactée et observant celle-ci avec des moyens d'observation sophistiqués.

Pour eux, nous serions peut-être dans une galaxie datant des premières galaxies nées après le Big Bang !

Pour nous, cette proposition de leur part nous ferait rire puisque ce n'est pas ce que nous pensons et que c'est même le contraire… Nous considérons que ce sont les galaxies éloignées qui sont les plus proches du Big Bang ! Ce qui est faux.

Le système solaire, comme tout ce qui existe dans le cosmos, est une conséquence du Big Bang, et cela, rien ne pourra le changer, que nous le voulions ou non.

Mais où se trouve le lieu du Big Bang ?

… En supposant qu'il n'y en ait eu qu'un seul…

Nous sommes des infiniment petits dans un monde infiniment grand.

Et les observateurs lointains de notre galaxie le savent peut-être depuis longtemps…

*** Comme la plupart des êtres vivants sur Terre, plantes et animaux, nous, les humains, grouillons à la surface de la Terre ou dans l'eau de ses océans.

Ces êtres n'accroissent pas le nombre d'atomes qui peut être estimé pour la Terre ou l'Univers, car la densité des êtres vivants qui ont besoin d'espace pour se mouvoir est très inférieure à celle de la matière.

Nous sommes maintenant près de huit milliards ! Du temps de notre ancêtre Lucy, il n'y avait seulement que quelques humains.

C'est notre plus grande chance, mais comme notre situation privilégiée sur Terre, et comme la Terre, elle ne durera pas toujours, pas éternellement.

« Les arbres ne grimpent pas jusqu'au ciel » …

« Les humains non plus ne subsisteront pas éternellement ».

Les big bangs se produisent dans le cosmos à partir des entités, les quanta, qui le forment. Probablement des quanta déficients au milieu de quanta normaux…

Des Big Bangs, il peut y en avoir eu des infinités dans l'Univers, et il y en aura sans doute encore des infinités, mais tous n'ont pas donné des planètes comparables à la Terre, et habitées par des êtres comparables aux humains en raison de leur accumulation en milliards de quanta formant les atomes.

Atomes qui sont devenus ce qu'ils sont en fonction de leur environnement et de la température extérieure. Darwin a jeté les bases de l'évolution en la supposant s'être étalée sur de nombreuses années, mais sans tenir compte de phénomènes plus anodins, simultanés ou puissants qui ont dû générer des modifications diverses.

L'espèce humaine actuelle est bien solitaire dans cet infini qui nous paraît être né du Big Bang mais qui est un infini qui existait bien avant nous.

*** Un peu de réflexion sur notre façon de penser.

L'acquisition de nos connaissances par notre cerveau, comme notre cerveau, a continuellement évolué depuis l'apparition de l'homme il y a deux millions d'années. C'est un atout important qui après la découverte du feu, a permis à l'être humain de survivre.

Nos connaissances peuvent continuer à évoluer encore plus vite grâce à ce que l'on appelle aujourd'hui l'intelligence artificielle (I.A), que j'appellerai plutôt « Intelligence Informatique Assistée ou Accélérée » pour insister sur le fait qu'elle n'a rien à voir avec nos capacités cognitives naturelles humaines, mais qu'elle est due à l'accélération des processus informatiques.

La « préquantique » n'est pas spécialisée dans l'IA et beaucoup d'autres scientifiques répondraient mieux qu'elle sur ces sujets.

Pour la préquantique, l'IA n'est pas une véritable intelligence car elle n'éprouve pas d'émotions et ne peut résoudre des questions que sur des phénomènes qui lui ont été inculqués, ou écrire même très vite à partir de mots qu'elle a appris… Que l'homme lui a appris.

Utilisant les mots qui s'emboîtent logiquement, je crois qu'elle peut écrire des histoires ou même des poèmes…

Si elle peut avoir des résultats positifs en matière d'amélioration de la santé, ou des communications, l'IA pourrait avoir des effets néfastes en nous aidant à accélérer le développement de moyens de destruction massive.

*** Pourtant, j'insiste sur le fait que pour le moment, ChatGPT ne dit rien sur la naissance de l'Univers et sur ce qu'il y avait avant lui.

Il ne dit rien sur ce qu'est l'espace.

Comme ChatGPT fonctionne d'après une émanation informatique des écrits et des informations existantes, même s'il les dépasse en vitesse d'acquisition, cela montre l'ignorance de nos contemporains qui ne l'interrogent pas dans ces domaines et n'ont pas créé la base de données nécessaire.

Nous aurons l'impression qu'elle réfléchit pour nous répondre, mais cela ne sera qu'une impression car l'IA ne fait que rassembler les informations qui lui ont été inculquées avant de les ressortir sous une forme nous paraissant logique, sans comprendre ce qu'elle nous dit.

Mais le principal est que tout cela sera toujours soumis à la rotation de la Terre qui ne s'arrêtera pas de sitôt de tourner autour du Soleil lui-même en rotation dans l'Univers, et de progresser avec notre galaxie, soumis à son expansion.

IA ou pas, dans 100 000 ans la Terre tournera encore et pour longtemps dans l'espace.

Par contre nous ne sommes pas éternels et nous devrions encore beaucoup changer avant de disparaître. … Espérons que comme par le passé, ces changements seront surtout positifs.

REVENONS À L'UNIVERS ;

*** Si les scientifiques s'intéressent aujourd'hui à l'histoire de l'Univers, c'est d'abord parce que grâce aux observations du ciel par Edwin Hubble et l'équipe qu'il dirigeait, et de ses interprétations par l'abbé Lemaitre, il y a environ un siècle, nous avons compris que l'Univers « n'était pas immuable », mais qu'il est en expansion depuis l'évènement qualifié de Big bang.

Nous avons même compris, mais bien plus tard, que « dans » cette multitude d'étoiles et de planètes formant un tout en expansion, nous ne sommes certainement pas les seuls êtres intelligents ou considérés comme tels dans l'Univers.

Certains mêmes, appelés des « extra-terrestres », peuvent être bien plus vieux que nous et pourraient nous avoir rendu visite par le passé…

… Ce qui pourrait expliquer des réalisations de monuments gigantesques ou de statues tout aussi gigantesques dont il paraît impossible qu'ils aient été imaginés ou réalisés par des humains…

C'est la théorie dite des premiers ou des anciens astronautes…

« N'être pas immuable » implique que l'Univers ait une histoire.

Une histoire, c'est un commencement de faits, puis un développement – ce en quoi nous sommes – et pour finir une fin.

Cette fin de l'Univers qui n'arrivera probablement pas avant des milliards d'années, bien après notre disparition, ne concerne pas la Terre d'aujourd'hui. Et la Terre continuera de tourner sur elle-même encore longtemps.

« Pas aujourd'hui », ce qui est notre chance, mais au regard de l'éternité… ce n'est que « Bientôt ».

Les soleils et leurs planètes disparaîtront après un cycle que les scientifiques ont pu observer sur certaines : Géantes rouges finissant par exploser et devenant des naines blanches… (Toutes sphériques…)

Nous pourrions nous en désintéresser au profit de choses terrestres et beaucoup plus concrètes, qui demandent journellement beaucoup d'attention aux humains.

Ce serait une façon de ne pas perdre ce temps qui nous semble si précieux, donc notre façon habituelle d'agir.

*** Seulement, la soif de savoir, c'est un défaut et une qualité de l'être humain et sa force depuis longtemps…

Même si nous pensons que cette fin n'est pas pour demain, actuellement, ceux qui y pensent en tout cas, aimeraient la connaître et si possible la retarder, ou retarder la fin de l'humanité.

Nous dépensons donc des milliards de dollars pour connaître cette histoire de l'Univers, tout en améliorant si possible nos conditions de vie pour préparer l'avenir.

Pour un avenir souhaité être meilleur… Et l'avenir se prépare mieux si l'on connaît l'histoire qui l'a précédé.

*** Cette histoire humaine est toujours tumultueuse…

Après des siècles d'observations célestes, et de théories diverses, la conquête spatiale, toujours lente et dangereuse, parfois dramatique, a été marquée par les premiers vols dans l'espace.

Elle est supposée avoir réellement débuté dans l'enthousiasme sur la lune par « un petit pas pour l'homme mais un grand pas pour l'humanité ».

Mais malgré notre enthousiasme, elle n'a pas beaucoup changé la vision des chercheurs sur la naissance de l'Univers, sur l'Univers et sur la place de l'homme…

…En dépit de nos progrès considérables dans l'observation de l'espace et les nombreux autres vols dans le système solaire, qui ont été réalisés depuis ce moment historique.

Suite à ces premières explorations spatiales, monsieur « tout le monde » comme l'appelait Stephen Hawking, n'a pas beaucoup changé sa façon d'être, ni de voir le monde.

C'est également une déception pour les scientifiques malgré leur enthousiasme proclamé à chacune de leurs découvertes de nouvelles galaxies dans l'espace lointain.

Le Fond Diffus Cosmologique est toujours infranchissable.

…Étant fait de trous noirs se dispersant, il a toujours été invisible tant que les photons ne s'en sont pas détachés…

Les scientifiques considèrent pour l'avoir calculé, que l'Univers, est fait de matière « noire » et d'énergie « noire » à quatre-vingt-quinze pour cent, pour seulement *moins de cinq pour cent de matière baryonique connue*, c'est-à-dire de la matière que l'on connaît. Mais ces proportions nous sont toujours incompréhensibles.

Pourquoi de telles proportions ?

Et que sont réellement cette énergie et cette matière noire ?

À la naissance de l'Univers, pourrait-on dire qu'il y avait autant de matière et d'énergie noire ?

L'Univers dont la naissance est d'abord cachée par une singularité, puis par le Fond Diffus Cosmologique avait-il une proportion massique par rapport au vide différente de celle d'aujourd'hui ?

Réponse : Certainement pas, car cela signifierait qu'en même temps qu'il s'expand, il fabriquerait de la matière sans que l'on s'en aperçoive.

On devrait pourtant la voir apparaître en cours de fabrication, non ?

Or nous ne voyons qu'apparaître des masses immédiatement annihilées, donc pas de fabrication de masses, dont on pourrait se demander d'ailleurs ce qui permettrait de la créer.

Les pouponnières d'étoiles sont des trous noirs qui se décompressent.

*** Après la découverte de l'expansion par E. Hubble, et les premiers pas sur la lune, bien qu'ils ne se soient pas attendus à une rapide révolution de leur conception de l'espace, les savants n'ont pas progressé autant qu'ils l'espéraient.

Ils n'ont pas découvert pourquoi le Big Bang s'est produit et en quoi il a consisté. Ils évitent souvent de le mentionner.

Or le Big Bang est le phénomène qui renferme la clé des mystères car c'est pendant le Big Bang que les substances, les forces et les constituants d'atomes sont nés, ce qui a donné naissance à l'Univers.

La préquantique est une théorie qui a permis de le montrer :

*C'est le Big Bang qui a créé ces atomes en « **transformant** » ce qui existait avant lui, « sans en changer la substance ».*

… La substance, en l'occurrence, la substance inconnue qui forme les quanta infiniment petits, appelés quanta de Planck, et *qui selon la préquantique*, sont dilatables et rétractables de façon infiniment rapide.

Substance qui n'a pas de nom spécifique, mais qui constitue tout ce qui existe.

À l'heure actuelle cependant, certains physiciens commencent à réaliser que le Big Bang n'est pas le début de tout, et que le cosmos existait avant le Big Bang, et existera après que notre Univers se soit éteint…

*** L'homme, comme la fourmi, est opiniâtre et a de la suite dans les idées. Il cherchera jusqu'à avoir la solution… Jusqu'à en crever, a écrit Flaubert dans la préface de « Salammbô » …

Pour Boileau, l'homme ne doit pas craindre de remettre cent fois son ouvrage sur le métier pour atteindre son but.

C'est ce que les scientifiques ont fait et continueront à faire avec toujours la même obstination et la même rigueur, tant qu'ils vivront.

Depuis ce que l'on appelle l'aube des temps, ils ont continuellement progressé.

Maintenant, grâce à la mise au point de télescopes spatiaux de plus en plus performants comme le Hubble et d'autres encore plus extraordinaires dont les résultats ne cessent de nous émerveiller, comme le James Webb, et de fusées spatiales de plus en plus performantes, lancées de plusieurs sites, pour aller plus loin et s'il le faut… et il le faudra… plus longtemps.

Pourtant nous ne connaissons pas la plus grande partie de notre planète, en particulier celle qui se trouve sous les eaux des océans et qui nous est moins connue que la surface de la Lune.

La conquête spatiale, qui reprend avec la collaboration de plusieurs pays, consiste maintenant à construire des fusées de plus en plus puissantes pour transporter plus de gens sur d'autres planètes, comme sur Mars, ainsi que des engins sophistiqués pour observer l'Univers lointain.

… La planète Mars, premier objectif après la conquête de la Lune qui est prévue bientôt servir de relais spatial, n'est sans doute pas l'endroit idéal pour vivre en raison de son manque d'atmosphère et d'eau, mais pourrait peut-être offrir une protection à la vie comme elle est supposée avoir pu le faire dans le passé, époque où les conditions atmosphériques et la teneur en eau étaient supposées favorables à la vie sur Mars.

Il faudrait connaître l'histoire de Mars qui est peut-être proche de celle que connaît la Terre pour comprendre notre futur…

La compréhension de ce qui lui est arrivé, par érosion due en particulier à la présence de l'eau, et pourquoi l'eau de ses océans jusqu'à la disparition de l'eau aux pôles serait une bonne indication de ce qui attend la Terre, peut-être, même en dehors de toute pollution due à l'activité humaine.

À court terme, aller sur Mars pourrait peut-être nourrir ou sauver les hommes ou leurs descendants si nous parvenons à la rendre habitable…

… Ce qui pourrait être primordial lorsque la Terre à son tour, ne pourra plus abriter les hommes et les nourrir à cause de leur nombre, de la pollution qu'ils génèrent, et des réchauffements et changements climatiques supposés être dus à la disparition de la couche d'ozone en raison des milliards de tonnes d'oxyde de carbone émises chaque année par les activités humaines, ou pour d'autres raisons liées à l'éloignement du Soleil.

Cette nécessité, c'est ce que prône le milliardaire américain Elon Musk, propriétaire de l'entreprise spatiale Tesla, qui propose de lancer des engins spatiaux performants pour rejoindre d'autres planètes du système solaire dans un avenir proche.

Se limiter au système solaire n'est sans doute pas suffisant mais les distances entre étoiles augmentant, il deviendra de plus en plus difficile de les rejoindre, elles et leur cohorte de planètes que l'on peut supposer être plus ou moins habitables.

Atteindre ces planètes et y installer des colonies capables d'y vivre, serait déjà un beau résultat alors que l'on est toujours en peine de nous installer dans les déserts terrestres torrides ou glacés.

Disons que ce sont des endroits où peu de gens aiment vivre.

Le rêve c'est l'espérance…

Mais revenons à ce qui était l'objectif de cet opus.

****Un rappel de faits qui pour la « préquantique » expliquent l'Univers ;*

Il n'est pas nécessaire d'avoir développé la gravitation quantique pour comprendre ce qu'est l'Univers. C'est bien plus simple que cela.

Je vais rappeler quelques faits ou principes nécessaires pour comprendre ce qu'est l'Univers, dont certains sont évoqués en particulier dans mon dernier livre.

… Faits qui ont amené la préquantique à comprendre ce que fut le Big Bang.

« Que l'Univers soit une réalité », et l'accepter comme un fait avéré, est une affirmation parfois mise en doute par certains physiciens et philosophes.

Pour ces derniers, l'affirmation que l'Univers ne soit pas une réalité, mais soit une illusion, affirmation qui peut paraître étrange au commun des mortels, est due à l'analyse des propriétés qu'ils trouvent étonnantes de l'Univers, ou à son incompréhension devant son aspect concret, son existence et son immense taille.

Cette vision n'est pas celle de la préquantique qui a décrit de façon concrète la naissance de l'Univers dans le vide en partant de l'espace qui régnait « avant » que l'Univers n'apparaisse.

Je vais rappeler pourquoi.

A/ *Pour commencer, le grossissement de l'Univers depuis sa création.*

On ne s'en rend plus toujours compte, mais il est stupéfiant.

Il n'est pas nécessaire de le calculer en fonction des dimensions de ce que l'on appelle le quantum de Planck bien que cela soit aisément faisable. (Je l'ai fait dans mon ouvrage précédent : On trouve 10 « puissance » 180, une valeur qui dépasse toutes celles qui sont accessibles dans l'Univers) ;

Il suffit de regarder le ciel qui nous paraît infini et d'imaginer ce grossissement par rapport à une taille humaine.

Mais vivant sur Terre et voyant la Terre tous les jours, nous en sommes devenus inconscients. Tout nous paraît normal et nous vaquons à nos occupations et à nos plaisirs comme si le ciel avait toujours existé tel qu'il est, ou comme si nous étions protégés.

(Pourtant nous avons appris que nos ancêtres Gaulois, malgré leur courage qui leur avait permis de vaincre bien des difficultés, ne craignaient qu'une chose : que « le ciel leur tombe sur la tête » ! Maintenant, c'est le feu nucléaire que nous craignons !)

Notre taille, quelque chose de très petit sur Terre où il y a déjà près de 8 milliards d'êtres humains aussi petits que nous, est à comparer à l'immensité du cosmos qui nous environne et qui contient l'Univers en expansion.

Cette immensité actuelle du Cosmos bien que non accessible, et à ne pas confondre avec celle de l'Univers, pourrait être définie comme le volume d'une sphère dont le rayon serait égal à celui parcouru depuis sa naissance à la vitesse de la lumière.

Mais le cosmos ce n'est pas que la matière avec ses étoiles et leur lumière. C'est le vide limité par la vitesse qui forme ce qui pour la préquantique est une déchirure d'espace. Et sa forme, homothétique à celle du quantum déficient qui a donné naissance à l'Univers, est celle d'un vide plus ou moins cubique.

La vitesse de l'expansion, c'est la vitesse de la lumière, 300 000 kilomètres par seconde parcourus pendant près de quatorze milliards d'années.

300 000 kilomètres par seconde est une vitesse ahurissante ! C'est plusieurs fois le tour de la Terre en une seconde !

Jules Verne aurait été bluffé. Rien à voir avec ses 80 jours pour faire le tour de la Terre…

Pour la préquantique, cette vitesse d'expansion s'explique par la structure du vide qui nous environne, fait de quanta vibrants qui peuvent propager les photons de masse infiniment faible (Dix puissance moins quarante-huit électrons volts d'après mon dernier ouvrage), à cette vitesse.

Dans un vide « absolu », cette vitesse aurait pu avoir toute autre valeur ! Plus élevée ou plus faible !

Cette vitesse de la lumière, la vitesse avérée réelle, a été calculée au fil des années. L'historique de son calcul se trouve facilement accessible sur internet.

Des calculs faits en utilisant le GPS ont abouti **à 299 792 458 km/s**, valeur retenue en 1983 par la communauté internationale.

Valeur arrondie à 300 000 km/s pour les calculs usuels.

Einstein avait pris conscience de ce que cette vitesse de la lumière était constante dans le vide.

Pour atteindre le Soleil, il faut plusieurs minutes dites lumière… Et encore plus de temps pour parcourir une distance ahurissante pour rejoindre les étoiles, même les plus proches.

Et la distance de la majorité des étoiles, de plusieurs années-lumière, est en constante augmentation en raison de l'expansion de l'Univers.

Peut-on imaginer grossissement plus grand que celui calculé en utilisant cette vitesse ?

Pourtant Max Planck pensait même que le grossissement de l'Univers était plus grand qu'à la vitesse de la lumière.

… Mais pour la préquantique le grossissement de l'Univers en raison de sa masse qui le freine dans le vide quantique et non dans le vide absolu, n'aurait pas pu atteindre la vitesse de la lumière et lui aurait été inférieure.

***** Vitesse de l'expansion de l'Univers calculée par la préquantique :**

Avec la préquantique (Voir mon dernier ouvrage), j'ai calculé la vitesse d'expansion actuelle de l'Univers dans le vide qui nous enveloppe, en tenant compte de sa masse, de la vitesse de rotation de notre galaxie dans l'espace, des différents mouvements connus des étoiles et des particules formant les atomes, et de la vitesse de la lumière dans le vide, et trouvé environ **9,81c.** valeur identique à celle du coefficient de la pesanteur sur Terre.

Le grossissement de l'Univers de dix puissance 180 mentionné au début de mon précédent ouvrage, a été calculé en utilisant non pas cette vitesse d'expansion, mais la vitesse de la lumière, « c », qui est supérieure à la vitesse d'expansion.

Et si nous ne nous rendons pas compte de cette vitesse ahurissante de la lumière, tout comme on ne se rend pas compte de la vitesse d'expansion, et qu'on ne sent pas les atomes d'oxygène et d'azote qui forment l'atmosphère nous piqueter le corps, c'est en raison de leur masse infime et à cause de la force de gravitation qui nous cloue à la surface de la Terre comme elle cloue l'atmosphère, et qui fait partie de notre quotidien.

Terre et atmosphère terrestre liés par la gravitation, forment un tout.

Sur Terre, faisant partie de l'Univers, nous sommes donc inconscients de la vitesse d'expansion qui nous entraîne malgré nous, et de notre vitesse dans l'espace infini.

B)*Le vide absolu, bien que non accessible dans l'Univers, est une réalité prouvable.*

Contrairement au vide qui nous entoure, le vide absolu est un vide qui ne contient absolument rien.

Il n'a pas encore été découvert par les physiciens.

Traiter ce vide qui nous entoure « *d'absolu* » semble a priori un non-sens, puisque le vide que nous voyons est parsemé de galaxies, d'étoiles et d'atomes et près de nous, plein d'atomes formant l'atmosphère. Mais ce tout est vibrant en raison de la présence des quanta stationnaires.

Des vibrations infiniment petites mais infiniment rapides. Imperceptibles. Il y a de quoi s'y perdre. Et les physiciens s'y perdent…

Einstein lui-même l'a écrit : Il ne croyait pas à l'existence du vide absolu.

Les ouvrages traitant de physique quantique (Voir « 25 points clés pour comprendre la physique quantique », de Charles Olivero, ou « quantique » de Jean-Marc Levy-Leblond et Françoise Balibar) n'évoquent pas non plus le vide absolu.

De très nombreux autres ouvrages ou revues scientifiques montrent que les physiciens essaient de comprendre le vide en analysant les propriétés du vide qui nous enveloppe.

Apparemment, ils n'y sont toujours pas parvenus. Ils n'évoquent pas non plus un vide qui serait absolu.

Pourquoi ?

Parce que le vide absolu qui est à la base du vide que nous connaissons est masqué par le vide quantique lui-même masqué par le vide atmosphérique ordinaire qui nous enveloppe, et que l'on perçoit comme formant le vide du cosmos.

Cela fait beaucoup de masquages…

Soyons clairs : La préquantique a montré en partant d'avant le Big Bang, que le vide qui nous enveloppe est une accumulation de vides intriqués les uns dans les autres, intriqués à partir du vide absolu.

Sans le vide absolu, vide de base qui sous-tend tous les autres, aucun des vides qualifiés de constitués et rien de tout l'Univers n'existerait puisque l'Univers, issu du vide constitué de quanta vibrants dans le vide absolu, sans les quanta, n'existerait pas !

Le vide de base qui sous-tend tous les autres et l'Univers, est le vide absolu :

Le vide absolu est un vide dans lequel il n'y a rien.

…Pas même un soupçon de quelque chose.

…**Rien,** quelle que soit la direction dont on essaie de l'observer…

Il n'a aucune des limites des vides qui nous enveloppent.

La vitesse des photons qui définissent la lumière, et la température de l'Univers n'y seraient pas définies puisque ces limites n'existeraient pas. Elles pourraient avoir n'importe quelle valeur.

Et pourtant comme la « préquantique l'a mentionné, écrit et démontré, ce qui est paradoxal, le vide absolu existe…

*** Mais une autre réalité c'est que **« La force du vide absolu »,** ***non plus, et surtout***, n'a pas de limite, car rien ne la contre.

C'est ce qui pour la physique est révolutionnaire :

La force du vide absolu est incommensurable.

(Voir l'impensable immensité de l'infini et le Big bang) ...

Cette force est justifiée et se comprend par analyse de la seconde loi de la thermodynamique appliquée à une température extrêmement basse, et au principe de Carnot, qui actionne les pistons bien dirigés dans les moteurs à explosion.

Tout le Big Bang va tenir dans cette force du vide absolu !

Le Big Bang sera d'abord la disparition ou la défectuosité d'un quantum puis une vitesse d'implosion, suivie par une explosion, le tout en une vibration de 10 « puissance » moins 43 secondes !!!!

Disparition ou défectuosité qui peut se comprendre puisque l'Univers issu du vide quantique n'est pas parfait et présente également des défectuosités comme le vide dont il est issu.

Pourquoi dans une vibration et non pas une seconde ?

Ce sont les découvertes des caractéristiques de Planck qui fournissent la réponse si nous les interprétons en termes de temps.

Le temps se décompose en *vibrations*, identiques quel que soit l'endroit où l'on se trouve dans l'espace. En une vibration, tout l'espace adjacent au quantum déficient va se précipiter sur lui : D'abord pour le remplir puis pour remplir les quanta qui s'étant précipités sur lui, vont à leur tour libérer l'espace quantique de leur présence.

Les vibrations lorsqu'elles sont mesurées, sont ce qui procurent au temps son caractère universel.

Il n'existe pas d'horloge à base de vibrations, mais il en existe à base de « multiples de vibrations », sur Terre, comme il peut en exister partout dans l'univers ou dans le cosmos, ce qui fait de la vibration et donc du temps une entité « universelle » mesurable et concrète.

Ainsi, dix puissance 43 vibrations sont égales à une seconde.

Et il y a eu beaucoup de secondes depuis le Big Bang ! Ce qui fait que maintenant en près de quatorze milliards d'années, nous pourrions compter environ dix puissance 61 vibrations !

C/La substance qui fait la matière... C'est un point important, qu'il est difficile d'expliquer clairement car les mots manquent pour évoquer quelque chose qui est ignoré bien qu'étant partout présent.

L'avant Big Bang était un vide quantique, c'est-à-dire que c'était un vide, comme nous l'avons vu, plein de quanta stationnaires et se heurtant dans le vide absolu.

Mais quelle était la substance qui servait à fabriquer les quanta et qu'est-ce qui faisait que les quanta étaient là ?

La préquantique a montré que le Big Bang a « **transformé** » ce qui existait avant lui, donc les quanta vibrants et stationnaires formant l'espace cosmique, en ce qui a existé après lui, c'est-à-dire en l'Univers avec ses atomes faits de quanta propagés.

Une création dans un véritable vide ne contenant vraiment rien, serait impossible. Par contre, une transformation dans un vide qui n'est pas vide peut passer pour une création.

« Transformer », sans ajout de quoi que ce soit, sans réaction chimique, ce n'est pas changer la matière ou sa substance, c'est modifier une organisation : Les quanta stationnaires sont toujours là, mais depuis le Big Bang, ils en propagent d'autres qui se trouvent organisés en électrons, en quarks, et donc leur ensemble en atomes.

Se pose alors la question de savoir de quoi « étaient faits » les quanta stationnaires ou de quoi sont faits les quanta propagés en atomes par les quanta stationnaires.

Or c'est une question sans réponse. « La préquantique » l'a appelée « **substance** », mais le terme correct serait plutôt « ***substrat d'origine*** », la chose, pas encore matière mais chose vibrante, qui est à l'origine de ce qui forme maintenant ce que l'on appelle la matière de l'Univers.

Cette « substance » qui existait avant le Big Bang et qui formait un vide fait de quanta, donc un vide que l'on peut qualifier de quantique, et d'autre part forme des quanta propagés par le vide quantique, a été « *transformée* » en atomes et en toutes choses par le Big Bang.

C'est cette « substance » qui depuis le Big Bang, forme les électrons, les quarks et toute chose dans l'Univers.

En chimie, nous évoquons les atomes, donc les quarks et les électrons. C'est comme si ce dont ils sont faits était sans intérêt, or les quanta permettent de comprendre des propriétés que l'on se contente d'observer malgré les avancées dues à Stephan Pauli ou Bohr, sans compter les découvertes concernant la radioactivité.

*** J'ai montré dans mon dernier ouvrage par leur analyse énergétique bien mesurée et connue des physiciens, que quarks et électrons sont des entités faites de quanta et qu'ils sont beaucoup plus complexes qu'il n'y paraît.

Mais leur substrat d'origine qui forme tous les quanta et donc toute la matière que nous connaissons est fait de la même chose, de la même « substance » :

…La substance de toutes choses, mais une substance aujourd'hui encore, sans nom.

Et c'est primordial pour expliquer la véritable nature de l'Univers.

D/La physique quantique.

C'est la physique « du plus petit », qui avec la Relativité, interroge encore maintenant le plus les physiciens.

La physique quantique, c'est la physique du niveau microscopique, principalement des électrons et des quarks ainsi que des gluons qui forment ou lient les atomes.

Dans les universités, la physique quantique enseignée le matin, ne s'accorde pas avec la physique relativiste enseignée le soir…

L'infiniment petit dit-on, ne s'accorde pas avec l'infiniment grand !

Mais la préquantique a démontré que l'un comme l'autre est fait de quanta stationnaires et vibrants… Donc qu'un lien existe entre l'infiniment petit et l'infiniment grand…

Pour les physiciens, ce n'est pas la physique des quanta puisqu'ils ne les connaissent pas en tant qu'entités qui forment la matière.

Tous les découvreurs de la physique quantique ne sont pas d'accord entre eux, et depuis sa naissance vers le début des années 1900, cette théorie quantique a donné lieu à de nombreux débats, à de nombreuses interprétations, souvent divergentes, notamment entre Einstein et Bohr, physicien qui a proposé un schéma évolué de l'atome.

Le congrès de Solvay qui traitait de physique est connu pour les débats et les décisions qui y ont été prises. Aujourd'hui, la quantique est encore source de nombreux débats, en particulier en ce qui concerne « la mesure » à l'échelle de l'infiniment petit, c'est-à-dire à l'échelle de l'électron dont comme l'a montré le physicien Werner Heisenberg, on ne peut prédire à la fois la position et simultanément la vitesse.

Il existe encore beaucoup de propriétés des entités de la matière ou de l'espace considérées comme paradoxales : Intrication, superposition, simultanéité, action à distance…

Ce qui vaut l'attribution de « Nobel » aux physiciens qui parviennent à les décrire.

Pour les physiciens, qui postulent une révolution quantique, la quantique a permis des progrès considérables :

Elle a permis par exemple la création des puces électroniques, des lasers et de toutes ses innombrables applications utilisées tous les jours, ou l'imagerie médicale qui permet de sauver des vies, ou récemment, au niveau fondamental, du piégeage de photons (Serge Haroche).

***Paradoxalement, la physique quantique, malgré ses succès, ne tient pas compte du Big Bang et de ce qu'il y a eu avant, et pendant, ce qui est pourtant fondamental pour comprendre la physique quantique et l'Univers actuel.

Elle semble ignorer ce qu'est le vide absolu, et même ce qu'est le vide quantique…

Il faut savoir que les quanta ont été postulés par Max Planck qui, bien qu'encouragé par Einstein, ne les prenait que pour un artifice mathématique.

Mais les quanta vont se révéler être à la base de la physique quantique en considérant les quanta, plus tard appelés photons, comme des paquets d'énergie quantifiant la matière par le biais du positionnement et du remplissage des électrons dans les couches d'énergie des atomes.

Le vide et l'Univers, malgré leurs propriétés, étaient et sont toujours des mystères pour les scientifiques.

Pour les comprendre, la « préquantique » utilisant les spectres d'ondes électromagnétiques qu'elle a extrapolés, a eu la chance de pouvoir imaginer la structure logique des quanta.

Cette structure et ce qu'ils forment, le vide de l'espace, ne s'expliquent totalement que si l'on tient compte de ce qui s'est produit pendant le Big Bang, en particulier l'annihilation qu'il faut pouvoir justifier. Annihilation considérée non pas comme celle des premières particules apparues après le Big Bang comme le postulent les physiciens, mais comme l'annihilation des quanta, ce qui est prôné par « la préquantique ».

Structure des quanta :

La « préquantique » (voir *L'impensable immensité de l'infini et le Big Bang*) a décrit cette structure, et a fait apparaître des entités nouvelles constituant les quanta pour justifier les propriétés des quanta au moment du Big Bang. Cette structure justifie également la traversée des quanta par les photons, et l'annihilation :

Encore une fois, il s'agit de simple logique.

Il faut des quantules pour justifier les parois de quanta avec leurs propriétés, et des squantules pour remplir ces parois.

Il est possible de définir la dimension des quantules en utilisant les propriétés des quanta en particulier au moment de leur annihilation, mais il n'est pas possible de définir celles des squantules infiniment plus petites…

Nous savons qu'au cours de la période d'annihilation une particule sur mille est restée intacte mais que les autres ont disparu. C'est pourquoi la physique considère que la matière a survécu alors que l'antimatière a disparu…

Les particules sont faites de quanta et la préquantique démontre que ce sont les quanta constitués de quantules qui se sont annihilés.

Comme tout ce qui a été créé avant le Big Bang, les quantules sont sphériques.

Ces quantules sont pleines de squantules qui, les remplissant, font que les quantules ne sont pas vides.

Lors de la période que l'on peut qualifier de période d'annihilation pendant le Big Bang, les quantules se détruisant en raison de leur intrication, vont laisser s'échapper les squantules.

Et ces squantules, étant des entités concrètes, ne vont pas disparaître dans un vide qui ne pourrait pas les cacher… Car étant vide, il ne peut rien cacher…

Elles vont subsister dans l'espace, en nombre incommensurable.

Infiniment petites et cachées à nos yeux et à nos instruments les plus perfectionnés, elles sont ce que la physique recherche sous un autre nom : **Les gravitons.**

Et les gravitons sont des entités invisibles qui, remplissant l'espace, assurent la masse dite grave de l'Univers.

Mon ouvrage précédent a montré et justifié leur rôle, en particulier pour l'expansion de l'Univers.

La constitution des quanta en quantules dont la vibration permet le passage des gravitons infiniment petits en dehors des points de contact, ainsi que la constitution des gravitons qui, ne les heurtant pas, vont être beaucoup plus rapides, vont justifier les « étrangetés » de la physique quantique.

****Étrangetés de la quantique et apport de la préquantique* :

C'est par leurs conséquences que l'on découvre généralement les causes.

Et les causes peuvent avoir d'autres conséquences.

La quantique propose pour l'espace des propriétés étranges, telles que simultanéité, juxtaposition, intrication, action à distance, etc.

Les gravitons, résultant de l'annihilation des quanta, malgré leur masse nulle ou infiniment faible, qui leur permet de très grandes vitesses, grâce à leur nombre, peuvent agir grâce à celui-ci par pression sur les quanta et se dirigent vers la déchirure d'espace.

Ils peuvent alors provoquer l'expansion de l'Univers cette fois par « manque » de pression sur les entités le constituant, en raison de « l'attraction » du vide absolu qu'il faut remplir… C'est l'explication de l'expansion que les physiciens recherchent…

Expansion qui ne nécessite pas l'invention d'une énergie noire…

Il faut reconnaître que c'est difficile à croire, mais dans le vide absolu ou quantique qui nous est invisible, beaucoup de choses peuvent se produire sans que nous n'en soyons conscients le moins du monde.

Ainsi, les vibrations sphériques des quanta peuvent provoquer des passages entre les points de heurts pour les gravitons qui sont infiniment plus petits que les photons.

Leur nombre infiniment grand leur permettra d'agir *avec une masse infiniment faible,* en n'étant pas freinés pendant leur traversée des quanta, donc à une vitesse bien supérieure à celle de la lumière dont les photons qui ont une masse, très faible, certes, mais une masse qui les ralentit et répond aux lois de la gravitation quantique…

(Voir *L'impensable immensité de l'infini et le Big Bang* avec les apports de la préquantique à ce sujet).

Mais le plus surprenant, c'est que la physique quantique ne stipule pas l'essentiel :

La formation de l'Univers !!!

Car l'espace cosmique est rempli de quanta vibrants stationnaires et de gravitons.

…Des quanta presque infiniment petits, vibrants presque infiniment rapidement, stationnaires et concrets.

...Des quanta et des gravitons invisibles et dont on ne se rend pas compte de la présence.

... Des quanta pleins de gravitons et bien plus petits que les particules considérées quantiques, les électrons et les quarks. Donc eux-mêmes infiniment quantiques.

... Des quanta dont on ne saurait dire de quelle substance ils sont faits...

...Bien que ce soit d'une substance qui est la même pour tout ce qui existe dans le cosmos...

.... Des quanta qui pour former l'Univers, ont implosé suite à la déficience de l'un d'eux et se sont agglomérés pour former une boule d'énergie de la taille d'environ un ballon, appelée maintenant **un trou noir**, avant d'exploser lors de la seconde phase des vibrations, la dilatation, pour former un Univers maintenant immense... mais demeuré quantique... car les particules sont faites de quanta.

... Et aussi faites d'entités qui nous sont invisibles, infiniment petites et rapides, les gravitons, que nous ne verrons jamais, qu'on ne peut qu'imaginer, mais qui sont bien là.

... Des quanta qui étant concrets et intriqués se sont annihilés lors du Big Bang, mais dont les parties annihilées n'ont pas disparu, et forment aujourd'hui les gravitons, gravitons qui participent à l'expansion de l'Univers.

...Et surtout qu'il ait suffi qu'un seul quantum disparaisse pour qu'un trou noir de la taille d'un ballon se forme et que l'Univers quantique apparaisse.

....Donc, qu'en finale, l'Univers soit quantique comme tout ce qui existe, y compris les trous noirs faits de quanta, et sources de toutes matières !!!

Et que les univers qui parsèment l'infini soient quantiques !!!

Donc que l'infiniment grand est fait d'infiniment petits qui en s'additionnant forment dans un cosmos considéré comme infiniment grand, un Univers dont les galaxies seront de plus en plus distantes avec le passage du temps, évaporées de plus en plus en *étoiles et atomes*, qui finiront par disparaître elles aussi par leur désintégration en quanta propagés, puis en quanta stationnaires qui redeviendront des vibrations quantiques.

.... Et que nous les humains, dans ces infinis, ne soyons que des « riens », mais des riens capables de comprendre les infinis.

Ce qui pourrait se résumer ainsi :

Le cosmos est constitué de quanta stationnaires et vibrants, sphériques, presque infiniment petits et formant des vibrations presque infiniment rapides, se heurtant au moment de leurs élongations maximales.

Le tout nous étant invisible.

Il a suffi de la déficience d'un quantum pour que l'Univers apparaisse avec ses propriétés connues.

Mais jusqu'où ? Dans u***n infini dont on ne saurait dire où il commence et où il finit, mais dans lequel notre Univers,***

comme les autres, est quantique et s'est développé dans cet infini à partir d'un trou noir créé comme conséquence de la déficience d'un quantum…

… Et dans lequel l'homme sur Terre n'est rien du tout malgré son ego qui en final, génère des guerres dont il croit qu'elles sont capables d'assurer sa domination sur les autres humains pour assurer sa survie.

… L'homme, un rien sur la Terre qui n'est rien parmi les étoiles des milliards de galaxies.

Bref, nous ne sommes pas grand-chose dans le nombre infini des étoiles et galaxies !! Bien moins que ce que l'on imagine… Mais une chose dont il vaut mieux oublier l'infime petitesse et son manque d'intérêt dans l'Univers pour vivre tranquillement.

Ou alors si l'on en prend conscience, l'accepter avec philosophie. Et des hommes philosophes sont des hommes sages.

Limites, de l'infini !!!

Le cosmos dit infini, est constitué de vibrations quantiques.

La limite de l'infini serait donc la limite des vibrations quantiques. Mais au-delà ? S'il n'y a plus de vibrations, cela signifie qu'il n'y a plus rien ;

Donc que le cosmos est en limite du néant… Ou que le cosmos crée lui-même les vibrations en s'agrandissant ?

Le cosmos pourrait être la limite du néant, un monde où il n'y a plus rien, plus de vibrations quantiques pour former ce qui pour nous est l'espace… Un néant dans lequel l'homme n'a plus sa place.

Mais le cosmos est alors un monde qui a eu besoin de quelque chose, ou de Dieu pour le faire apparaître.

PREMIÈRE CONCLUSION :

Pour conclure, il faut évoquer DIEU, auquel nous faisons appel chaque fois que nous nous trouvons face à l'inexplicable.

L'inexplicable, en ce qui concerne le cosmos, c'est « sa limite » avec le Néant, la « substance » des quanta ainsi que l'infiniment petit et l'infiniment grand, tous deux pleins de quanta.

L'infini existe-t-il, et quelles sont ses limites ?

Et où DIEU se trouve-t-il dans cet infini s'il y a de nombreux ou une infinité d'univers ?

Y aurait-il plusieurs cosmos pour remplir le néant, ainsi qu'un seul DIEU ?

Nous ne pouvons pas le savoir.

Seul DIEU pourrait répondre…

Mais l'inexplicable c'est aussi la bêtise des hommes qui maintenant, au lieu de s'entraider pour assurer leur avenir et sauvegarder la planète sur laquelle ils ont la chance de vivre, se détruisent alors qu'ils sont tous fabriqués de la même substance.

À moins qu'ils ne prennent conscience de ce qu'ils sont et acquièrent la sagesse des philosophes qui est la philosophie des sages.

AUTRE CONCLUSION plus prosaïque :

Et qu'est-ce que l'Univers ?

L'UNIVERS EST UN TROU NOIR EN EXPANSION…

Un trou noir dans lequel se trouve la Terre pour le moment mais pas pour toujours…

***Schémas extraits de *L'impensable immensité de l'infini et le Big Bang* :**

Les quanta sont représentés ici en train de vibrer uniformément et à des distances égales à la longueur de Planck, dans toutes les directions d'un espace tridimensionnel.

À droite étant dilatés, et à gauche étant rétractés.

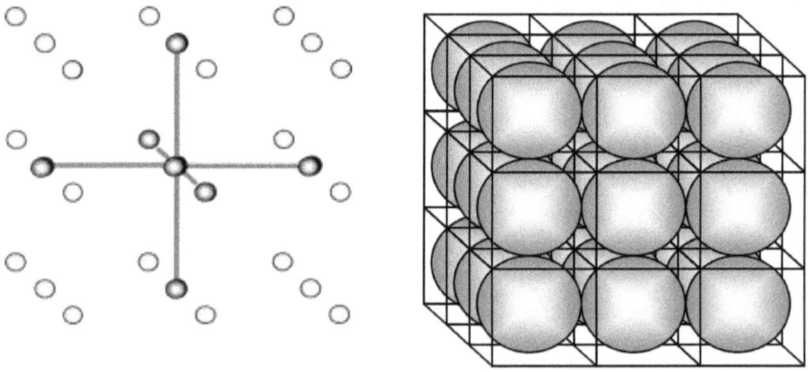

Sans la présence de ces quanta vibrants, l'Univers n'aurait pas de raison d'exister. Il faut quelque chose au départ de toute création de quelque chose.

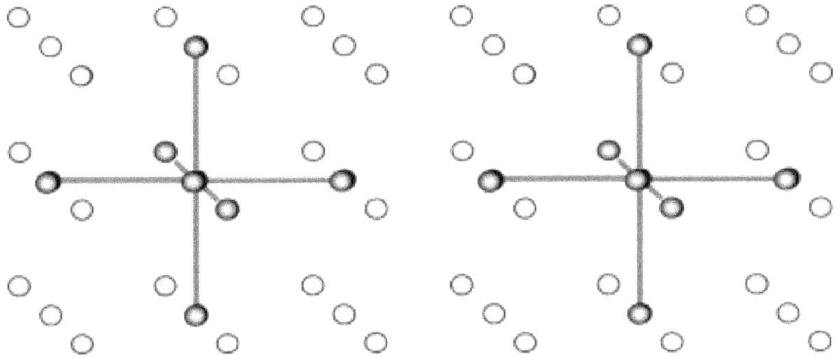

Imprimé en France
ISBN 979-10-406-0892-9
Dépôt légal : 3e trimestre 2024